Springer-Verlag Berlin Heidelberg GmbH

Veröffentlichungen aus dem Gebiete des Militär-Sanitätswesens

Herausgegeben von der Medizinal-Abteilung des Kgl. Preussischen Kriegsministeriums.

1. Heft. Historische Untersuchungen über das Einheilen und Wandern von Gewehrkugeln. Von Stabsarzt Dr. A. Köhler. 1892. 80 Pf.

2. Heft. Ueber die kriegschirurgische Bedeutung der neuen Geschosse. Von Geh. Ober-Med.-Rat Prof. Dr. von Bardeleben. 1892. 60 Pf.

3. Heft. Ueber Feldflaschen und Kochgeschirre aus Aluminium. Bearbeitet von Stabsarzt Dr. Plagge und Chemiker G. Lebbin. 1893. 2 M. 40 P

4. Heft. Epidemische Erkrankungen an akutem Exanthem mit typhösem Charakter in der Garnison Cosel. Von Oberstabsarzt Dr. Schulte. 1893. 80 Pf.

5. Heft. Die Methoden der Fleischkonservierung. Von Stabsarzt Dr. Plagge und Dr. Trapp. 1893. 3 M.

6. Heft. Verbrennung des Mundes, Schlundes, der Speiseröhre und des Magens. Behandlung der Verbrennung und ihrer Folgezustände. Von Stabsarzt Dr. Thiele. 1893. 1 M. 60 Pf.

7. Heft. Das Sanitätswesen auf der Weltausstellung zu Chicago. Bearbeitet von Generalarzt Dr. C. Grossheim. Mit 92 Textfiguren. 1893. 4 M. 80 Pf.

8. Heft. Die Choleraerkrankungen in der Armee 1892 bis 1893 und die gegen die Cholera in der Armee getroffenen Massnahmen. Bearbeitet von Stabsarzt Dr. Schumburg. Mit 2 Textfiguren und 1 Karte. 1894. 2 M.

9. Heft. Untersuchungen über Wasserfilter. Von Oberstabsarzt Dr. Plagge. Mit 37 Textfiguren. 1895. 5 M.

10. Heft. Versuche zur Feststellung der Verwertbarkeit Röntgenscher Strahlen für medizinisch-chirurgische Zwecke. Mit 23 Textfiguren. 1896. 6 M.

11. Heft. Ueber die sogenannten Gehverbände unter besonderer Berücksichtigung ihrer etwaigen Verwendung im Kriege. Von Stabsarzt Dr. Coste. Mit 13 Textfiguren. 1897. 2 M.

12. Heft. Untersuchungen über das Soldatenbrot. Von Oberstabsarzt Dr. Plagge und Chemiker Dr. Lebbin. 1897. 12 M.

13. Heft. Die preussischen und deutschen Kriegschirurgen und Feldärzte des 17. und 18. Jahrhunderts in Zeit- und Lebensbildern. Von Oberstabsarzt Prof. Dr. A. Köhler. Mit Porträts und Textfiguren. 1898. 12 M.

14. Heft. Die Lungentuberkulose in der Armee. Bearbeitet in der Medizinal-Abteilung des Königl. Preuss. Kriegsministeriums. Mit 2 Tafeln. 1899. 4 M.

15. Heft. Beiträge zur Frage der Trinkwasserversorgung. Von Oberstabsarzt Dr. Plagge und Oberstabsarzt Dr. Schumburg. Mit 1 Tafel und Textfiguren. 1900. 3 M.

16. Heft. Ueber die subkutanen Verletzungen der Muskeln. Von Dr. Knaak. 1900. 3 M.-

17. Heft. Entstehung, Verhütung und Bekämpfung des Typhus bei den im Felde stehenden Armeen. Bearbeitet in der Medizinal-Abteilung des Königl. Preuss. Kriegsministeriums. Zweite Auflage. Mit 1 Tafel. 1901. 3 M.

18. Heft. Kriegschirurgen und Feldärzte der ersten Hälfte des 19. Jahrhunderts (1795—1848). Von Stabsarzt Dr. Bock und Stabsarzt Dr. Hasenknopf. Mit einer Einleitung von Oberstabsarzt Prof. Dr. Albert Köhler. 1901. 14 M.

19. Heft. Ueber penetrierende Brustwunden und deren Behandlung. Von Stabsarzt Dr. Momburg. 1902. 2 M. 40 Pf.

20. Heft. Beobachtungen und Untersuchungen über die Ruhr (Dysenterie). Die Ruhrepidemie auf dem Truppenübungsplatz Döberitz im Jahre 1901 und die Ruhr im Ostasiatischen Expeditionskorps. Zusammengestellt in der Medizinal-Abteilung des Königl. Preuss. Kriegsministeriums. Mit zahlr. Textfiguren und 8 Tafeln. 1902. 10 M.

21. Heft. Bekämpfung des Typhus. Von Geh. Med.-Rat Prof. Dr. Robert Koch. 1903. 50 Pf.

22. Heft. Ueber Erkennung und Beurteilung von Herzkrankheiten. Vortrag aus der Sitzung des Wissenschaftl. Senats bei der Kaiser Wilhelms-Akademie für das militärärztliche Bildungswesen am 31. März 1903. 1903. 1 M. 20 Pf.

23. Heft. Kleinere Mitteilungen über Schussverletzungen. Aus den Verhandlungen des Wissenschaftlichen Senats der Kaiser Wilhelms-Akademie für das militärärztliche Bildungswesen vom 3. Juni 1903. 1903. 2 M.

24. Heft. Kriegschirurgen und Feldärzte in der Zeit von 1848 bis 1868. Von Oberstabsarzt a. D. Dr. Kimmle. 1904. 14 M.

Veröffentlichungen

aus dem Gebiete des

Militär-Sanitätswesens.

Herausgegeben

von der

Sanitäts-Abteilung

des

Reichswehrministeriums.

Heft 75.

Über die Struktur des Gefrierfleisches und sein bakteriologisches Verhalten vor und nach dem Auftauen.

Von

Prof. Dr. **Friedrich Konrich**,

Stabsarzt im Sanitäts-Departement (Abw.) des Heeresabwickelungsamts Preußen.

Mit 3 Tafeln.

1920
Springer-Verlag Berlin Heidelberg GmbH

Über die

Struktur des Gefrierfleisches

und

sein bakteriologisches Verhalten vor
und nach dem Auftauen.

Von

Prof. Dr. **Friedrich Konrich,**
Stabsarzt im Sanitäts-Departement (Abw.) des Heeresabwickelungsamts Preußen.

Mit 3 Tafeln.

1920

Springer-Verlag Berlin Heidelberg GmbH

Alle Rechte vorbehalten.

ISBN 978-3-662-34192-6   ISBN 978-3-662-34462-0 (eBook)
DOI 10.1007/978-3-662-34462-0

Während das Gefrierfleisch für die Volksernährung in England seit einer Reihe von Jahren erhebliche Bedeutung besitzt, hat es für die deutsche Bevölkerung bis vor dem Kriege kaum eine Rolle gespielt. Die Gründe liegen auf politischem und verkehrstechnischem Gebiete. England glaubte es nicht nötig zu haben, seine Landwirtschaft stark zu erhalten, da es die freie Zufuhr von Lebensmitteln aus überseeischen Ländern gesichert meinte, seine Landwirtschaft außerdem die dichte Inselbevölkerung tatsächlich nicht auskömmlich versorgen konnte. Die Einfuhr des Fleisches, dessen hoher Verbrauch in England ja fast sprichwörtlich geworden war, aus den viehreichen Ländern jenseits des Weltmeeres war somit das bequemste Mittel, die Erzeugung des eigenen Bodens an Vieh zu ergänzen, und an Stelle des teuren, verlustreichen Transportes lebender Schlachttiere trat mit dem Ausbau der Kältetechnik, an der Deutschland führenden Anteil hat, alsbald die Verschiffung des Fleisches in gefrorenem Zustande. Die langgestreckte Form der englischen Insel und ihre zahlreichen guten Häfen erleichterten die Zuführung des Gefrierfleisches vom Ausladehafen an den Verbrauchsort ganz bedeutend, da nur verhältnismäßig kurze Eisenbahnfahrten zurückzulegen waren. Alle diese Gründe haben dem Gefrierfleische in der englischen Volksernährung seit vielen Jahren einen breiten Raum verschafft, wodurch, um dies gleich hier zu betonen, alle Einwände gesundheitlicher und geschmacklicher Art gegen seine Verwendbarkeit durch langjährige praktische Erfahrung widerlegt sind.

Ganz anders liegen die Verhältnisse in Deutschland. Trotz des raschen Wachstums der Bevölkerung vermochte es die deutsche Landwirtschaft, durch intensive Wirtschaft und freilich kräftig unterstützt durch erhebliche Mengen ausländischer hochwertiger Futtermittel, den deutschen Fleischbedarf fast vollkommen zu decken, trotzdem er, ein Zeichen des wachsenden Wohlstandes, im Laufe der Jahre erheblich gestiegen war und dem englischen Verbrauch fast gleich kam. England führte gewissermaßen im Gefrierfleisch das fertige Erzeugnis ein, während Deutschland die Rohstoffe zur Fleischerzeugung vom Ausland kaufte. Ein Bedürfnis zur Einfuhr überseeischen Gefrierfleisches in Deutschland hätte also nur in der Verbilligung des Fleisches gesehen werden können; dieser Überlegung praktische Folgerung zu geben widersprach aber die Notwendigkeit, unsere Landwirtschaft stark und lieferungsfreudig zu halten. Auch verteuert und erschwert die Lage unserer Häfen den Transport gefrorenen Fleisches mit der Bahn erheblich.

Kühlanlagen erstanden zwar im Laufe der Jahre auch in Deutschland in erheblicher Zahl, besonders in den Großstädten. Doch dienten sie mehr der Konservierung von Eiern und Wild, auch arbeitete ein bedeutender Teil der Anlagen nicht als Gefrierraum, sondern nur als Kühlraum mit einer Temperatur von 0 bis $+4^0$, um Fleisch zur Hebung seines Geschmackswertes darin reifen zu lassen.

Während des Krieges haben diese Anlagen Verwendung zur Herstellung und Aufbewahrung gefrorenen Fleisches gefunden, als plötzliche, erhebliche Verringerungen der Viehbestände, besonders der Schweine, infolge der Knappheit an Futtermitteln nötig wurden. Das Gefrierverfahren wurde dabei deswegen gewählt, weil es hinsichtlich Schnelligkeit, Billigkeit und Größenmaß der Leistung alle anderen Konservierungsverfahren bei weitem übertrifft und das Fleisch weniger als irgend welche anderen Verfahren verändert — Vorzüge, die das Gefrierverfahren übrigens auch für Festungen besonders wertvoll machen—.

Unverändert bleibt das Fleisch beim Gefrieren und Wiederauftauen allerdings nicht. Vom frischen Fleisch unterscheidet es sich im wesentlichen in drei Punkten:
1. es erleidet beim Auftauen einen Nährstoffverlust, indem Saft — Lecksaft — abtropft,
2. es ist weicher und teigiger,
3. es fault rascher.

Zu Punkt 1 sei kurz bemerkt, daß der Lecksaft teils aus niedergeschlagener Luftfeuchtigkeit, teils aus Muskelsaft selbst besteht. Die Menge des Lecksaftes hängt im übrigen ab von der Größe und Gestalt des aufgetauten Stückes, seinem Fettgehalt, der Tierart, der Auftautemperatur; er steigt bei raschem Auftauen, weshalb Plank und Kallert[1]) empfehlen, die gevierteilten oder halbierten Tierkörper unzerlegt bei $+5$ bis $+6^0$ aufzutauen. Der Saftverlust beträgt alsdann etwa 0,5 v. H. Andere Untersucher fanden nicht unerheblich größere Verluste. So ermittelte Storp[2]) Werte bis zu 8,2 v. H.,

---

1) Abhandlungen zur Volksernährung. Berlin 1916.
2) Veröffentl. a. d. Geb. d. Militärsanitätsw. Berlin 1913. H. 55.

wobei es sich allerdings um kleinere Fleischstücke handelte; Ascoli und Silvestri[1]) beobachteten sogar bis zu 15 v. H. Verlust. Bei geordnetem praktischem Betrieb dürften die Zahlen von Plank und Kallert zutreffend sein. Für den Verbraucher des Gefrierfleisches ist der Verlust an Lecksaft belanglos, weil beim Lagern im Gefrierraum infolge Wasserverdunstung eine Konzentrierung der Nährstoffe eintritt, die den Lecksaftverlust mindestens ausgleicht, häufig sogar ihn mehr als wettmacht. Der Verbraucher bekommt somit im Gefrierfleisch ein wasserärmeres, dafür aber nährstoffreicheres Nahrungsmittel. Der Wasserverlust hängt ab von der Größe und Gestalt der Stücke, ihrem Fettgehalt, der Dauer der Aufbewahrung und besonders von der relativen Feuchtigkeit der Luft des Aufbewahrungsraumes und seiner Temperatur. Storp gibt für kleinere Fleischstücke bis zu 16 v. H. Verlust an, Plank und Kallert fanden bei Versuchen, wie sie der Praxis entsprechen, jedoch nur zwischen 2,5 und 5,7 v. H. Die Aufbewahrungsräume für Gefrierfleisch werden daher im allgemeinen auf — 5 bis — 7° und eine relative Feuchtigkeit von etwa 90 eingestellt, um die Verluste durch Verdunstung möglichst klein zu gestalten. In Amerika geht man vielfach auf Temperaturen bis — 20° herab.

Die Zusammensetzung des Lecksaftes hat Storp genauer untersucht und gefunden, daß er sich vom gewöhnlichen Muskelsaft hauptsächlich dadurch unterscheidet, daß er mehr Wasser und weniger Eiweiß als dieser enthält. Der Lecksaft ist also nicht mit dem unveränderten Muskelsaft identisch, von dem man annehmen könnte, daß er etwa aus den Randteilen des Fleisches beim Auftauen abflösse. Storp läßt die Frage, woraus sich die Unterschiede erklären, offen, da die chemische Analyse darüber keinen Aufschluß ergab. Die folgenden Untersuchungen dürften geeignet sein, die Entstehung des Lecksaftes und seine vom natürlichen Muskelsafte abweichende Zusammensetzung zu erklären. Die Untersuchungen sind zum Teil an denselben Fleischstücken ausgeführt, die auch Storp seinerzeit benutzt hat. Auch über die Ursachen der Teigigkeit und Neigung zum rascheren Faulen, die dem Gefrierfleisch eigentümlich sind, dürften die nachstehenden Versuchsergebnisse näheren Aufschluß geben. Es ist bemerkenswert, daß über den Einfluß der Auftaugeschwindigkeit auf die Beschaffenheit des Gefrierfleisches eine Reihe von Arbeiten vorliegen, daß aber eingehende Untersuchungen über die Veränderungen, welche das Fleisch beim Einfrieren erleidet, über sein Ver-

---

1) Le Froid. Paris 1914.

halten beim Auftauen und seine Haltbarkeit nach dem Auftauen vor dem Kriege überhaupt nicht angestellt sind, worauf Plank und Ehrenbaum[1]) ebenfalls hinweisen. In Anbetracht der großen Bedeutung und starken Verbrauches des Gefrierfleisches ist dieser Umstand besonders auffällig.

Das Einfrieren von Fleisch kann entweder durch bewegte kalte Luft oder Einlegen in tiefgekühlte bewegte Soole erfolgen; das letztere Verfahren ist praktisch bisher nur bei Fischen angewandt und besitzt gegenüber der Verwendung von kalter Luft den Vorzug, das Konservierungsgut ungleich schneller — nach Plank und Kallert[2]) etwa 10—20 mal so schnell — in den Gefrierzustand überzuführen, so daß die Flüssigkeit des Fleisches viel weniger den Gesetzen der Kristalloide und Kolloide beim Gefrieren folgen kann. Geringere Veränderungen des Fleisches sind die Folge. Der praktische Gefrierhausbetrieb arbeitet aber, besonders auch mit Rücksicht auf die Kosten, mittels kalter Luft, infolgedessen habe ich mich darauf beschränkt, die Veränderungen zu schildern, welche das Fleisch der Warmblüter, hauptsächlich der großen Schlachttiere, dabei erleidet.

Diese Absicht der Versuche[3]) setzte voraus, daß sie im Gefrierhause selbst zum großen Teil vorgenommen wurden. Die Gesellschaft für Markt- und Kühlhallen stellte in entgegenkommender Weise eine Zelle ihres Gefrierhauses in der Scharnhorststraße zur Verfügung, die zum Laboratorium hergerichtet wurde.

Zunächst lag die Zelle abseits von den Öffnungen, durch welche die an der Kältemaschine tiefgekühlte Luft in den Raum eintritt. Beim Mikroskopieren von Gefriermikrotomschnitten in gefrorenem und alsdann in aufgetautem Zustande war es jedoch erwünscht, das angewärmte Mikroskop oder auf den Objektivtisch gebrachte Präparate jederzeit rasch abkühlen zu können. Dazu war der kalte Luftstrom, mittels dessen der Gefrierraum gekühlt wird, sehr geeignet, und somit wurde das Laboratorium in eine Zelle verlegt, die sich unmittelbar unter dem Kaltluftkanal befand. Die Öffnung des letzteren befand sich in bequemer Reichhöhe, durch ein gebogenes, großes Stück Pappe konnte der Luftstrom auf das auf dem Tische stehende Mikroskop geleitet werden.

Nachdem eine gewisse Fertigkeit im Arbeiten in der Kälte erworben war und sich zeigte, daß diese Arbeiten sehr eindeutige und

---

1) Abhandlungen zur Volksernährung. Berlin 1916. H. 5. S. 63.
2) Ebenda. H. 6. S. 10.
3) Ausgeführt 1912/13.

gleichmäßige Ergebnisse lieferten, erschien es zweckmäßig, das wissenschaftliche Beweismaterial photographisch und mikrophotographisch festzuhalten. Dies war dadurch möglich, daß der fensterlose Kühlraum durch Ausschalten der elektrischen Beleuchtung vollkommen verdunkelt und die zu photographierenden Objekte mit den lichtempfindlichen Platten in Berührung gebracht werden konnten. Als Beleuchtungsquelle beim Mikroskopieren wie bei den photographischen Aufnahmen diente eine mattierte elektrische Metallfadenlampe.

Die Temperatur des Gefrierraumes schwankte zwischen — 5 bis — 7° C, die relative Feuchtigkeit lag meist um 70 v. H., ging aber gelegentlich auf 85 v. H. hinauf.

Als Untersuchungsmaterial dienten zwei Hammelkeulen, ein Rindervorderviertel, mehrere große Stücke Pferde- und Rindfleisch von 1 bis 3 kg Gewicht. sowie Kaninchen und Meerschweinchen. Doch zeigte sich bald, daß die Muskeln der kleinen Laboratoriumstiere sich für das Studium der Strukturverhältnisse wesentlich schlechter eigneten, als diejenigen der großen Schlachttiere. Das Fleisch der ersteren ist so farblos und so fein von Struktur, daß es wenig klare Bilder lieferte und sich besonders für mikrophotographische Aufnahmen kaum verwenden ließ. Auch trocknen die kleinen Körper zu schnell aus, so daß die erhaltenen Bilder keine natürlichen Verhältnisse wiedergeben.

Die Fleischstücke, auch das Rinderviertel, waren nach zwei Tagen vollkommen gefroren und ließen sich mit Säge und Messer wie Holz bearbeiten.

Bevor die Art der Arbeiten und ihr Ergebnis im einzelnen geschildert werden, darf in Kürze auf den Bau des Muskels eingegangen werden, wobei die Beschreibung von Szymonowicz[1]) zugrunde gelegt sei. Die Muskelfaser besteht aus dem Protoplasma, hier Sarkoplasma genannt; sein äußerer Teil, Sarkolemma, bildet eine Art Hülle, die die Faser außen umgibt und feine Züge in das Innere der Faser schickt. Auf Faserquerschnitten erscheinen diese Züge als meist ziemlich regelmäßiges Maschenwerk. Dicht unter dem Sarkolemma liegen die Kerne der Muskelfaser. Die gewissermaßen röhrenartigen Gebilde, deren Querschnitte die Cohnheimschen Felder darstellen, sind dicht angefüllt mit den kontraktilen Elementen, den Muskelfibrillen; in jedem Felde liegt ein Bündel von Fibrillen. Charakteristisch ist für sie die Querstreifung, deren feinerer Bau hier nicht interessiert. Mehrere Muskelfasern, durch zarte Bindegewebszüge von einander getrennt, bilden ein primäres Muskelbündel, das

---

1) Lehrb. d. Histologie. 2. Aufl. Würzburg.

an seinem Umfange von einer stärkeren Bindegewebshülle umgeben ist. In gleicher Weise wie die Muskelfasern sich zu einem primären Bündel zusammenschließen, vereinigen sich die primären Bündel zu sekundären, diese wiederum zu tertiären, durch deren Zusammenschluß endlich der Muskel entsteht. Die dicke bindegewebige Hülle, die ihn umgibt, wird Perimysium externum genannt, die Bindegewebszüge, die dieses in das Innere der Muskeln schickt, und wodurch die sekundären und tertiären Bündel voneinander getrennt werden, Perimysium internum. Mit dem letzteren verlaufen die Blutgefäße, die die Muskelfasern mit einem reichen Gespinst umgeben.

Betrachtet man die Schnittfläche eines frisch mit einem kräftigen Messer durchtrennten Stückes Gefrierfleisch, so sieht man schon mit bloßem Auge, besser noch mit Lupenvergrößerung, daß die im ungefrorenen Zustande, ganz gleichmäßige Fleischmasse dishomogen geworden ist. Die Muskelbündel, mehr oder minder braunrötlich aussehend, je nach Tierart und Muskelart, sind durch Eismassen wechselnder Mächtigkeit, die einen rötlich-weißen Farbton aufweisen, voneinander in regelloser Weise getrennt. Am stärksten ist der Gegensatz zwischen Eismassen und Muskelbündeln bei den großfaserigen Muskeln von Pferd und Rind zu sehen, bei Hammelfleisch ist er viel schwächer und bei Kaninchenfleisch kaum zu beobachten.

Die Verteilung der Eismassen im Muskel läßt sich am besten bei Mikrotomschnitten erkennen, die mit bloßem Auge oder unter dem Mikroskop betrachtet, sehr anschauliche Bilder liefern. Man braucht zu ihrer Herstellung keine besondere Kältequelle. Es genügt etwas Schnee, der sich an den Kühlrohren des Raumes in dicken Schichten ansetzt, auf dem Objekttisch des Mikrotoms durch Anhauchen zum Schmelzen zu bringen, den zu schneidenden Block Gefrierfleisch sogleich darauf zu drücken und einige Minuten zu warten oder das Mikrotom für wenige Sekunden in den kalten Luftstrom zu bringen, der Block ist dann angefroren und man kann in aller Ruhe das Schneiden vornehmen. Die Schnittdicke ist verschieden zu wählen. Will man feinere Strukturverhältnisse der Muskelfaser selbst untersuchen, so muß man mit der Dicke auf 15—20 μ heruntergehen; auch kann man solche Schnitte im aufgetauten Zustande unter Zufügen von Mazerationsflüssigkeit zerzupfen. Bei so feinen Schnitten gehen aber, wenigstens wenn sie einigermaßen groß sind, die genauen Lagebeziehungen der Muskelfasern und -bündel zu den Eismassen meistens verloren, weil Schnitte so geringer Dicke sich gewöhnlich etwas zusammenschieben. Will man diese Beziehungen vollkommen erhalten, so muß man mit der Schnittdicke auf 50—100 μ hinaufgehen, je nach Tierart, Schnittrichtung und Grob- oder Feinfaserigkeit des Muskels. Querschnitte von Muskeln erlauben im allgemeinen eine geringere Schnittdicke als Längsschnitte; Hammelfleisch eine geringere als Rindfleisch, Kaninchenfleisch wieder eine geringere als Hammelfleisch. Bei diesen Schnittdicken lassen sich Schnitte von Gefrierfleisch hobeln, die die Strukturverhältnisse desselben vollkommen beibehalten haben. Es wurde besondere Übung darauf verwandt, möglichst große Schnitte in gleichmäßiger Güte herzustellen, um an ihnen die Lagerung und Verteilung der Eismassen innerhalb des Muskels nach Möglichkeit verfolgen zu können; dem gleichen Zwecke diente auch die Herstellung möglichst langer Reihen von Schnitten, bei denen kein Schnitt in der Reihe durch mangelhafte Beschaffenheit ausfallen durfte. An solchen Reihenschnitten von großer Ausdehnung konnte mit Sicherheit ausgeschlossen werden, daß die Lagebeziehungen zwischen Muskelmasse und Eis durch die Präparatherstellung beeinflußt war, weil die einzelnen Muskelbündel und Eisfelder in Ab- oder Zunahme von Schnitt zu Schnitt verfolgt werden konnten.

Um die gesehenen Bilder naturgetreu mittels der photographischen Platte festzuhalten, wurde folgendermaßen verfahren.

Glasplatten von der Größe 9 × 12 und 13 × 18 wurden in Kopierrahmen gelegt und mit Serienschnitten von Gefrierfleisch bedeckt. Hierauf wurde der Raum verdunkelt und dann bei rotem Licht eine Bromsilberplatte mit der Schichtseite auf die Schnitte gelegt, der Deckel des Rahmens mit den Federn geschlossen und nunmehr das ganze so dem Lichte einer farblosen Glühlampe ausgesetzt, daß die Lichtstrahlen die Gefrierschnitte durchdringen mußten, um die lichtempfindliche Schicht zu treffen. Die belichteten Platten wurden am gleichen Tage entwickelt und später kopiert. Auf diese Weise sind eine große Zahl von „Kontaktbildern" gewonnen (s. Tafeln).

Recht zweckmäßig erwies es sich, zur Orientierung bei den Serienschnitten in den zu schneidenden Block entweder ein Stückchen Fett oder die Grenze zweier Muskeln oder ein Stück der Faszie mit hereinzunehmen.

Um die Größen- und Lageverhältnisse der Eismassen noch besser sichtbar zu machen, wurden ferner Serienschnitte von den gleichen Gefrierfleischblöcken, die zur Herstellung der Kontaktbilder das Material geliefert hatten, hergestellt, auf Glasplatten ausgebreitet, ganz leicht mit einem feinen Pinsel angedrückt und im Gefrierhause mit einem Tuche, das jedoch die Schnitte nicht berührt, bedeckt, liegen gelassen. Bis zum nächsten Tage war das Eis stets vollkommen verdunstet und der Schnitt trocken. Die Schnitte wurden dann sehr vorsichtig mit einer zweiten Glasplatte bedeckt, beide Scheiben zunächst mit Heftpflaster behelfsmäßig und später in der Wärme am Rande ordnungsgemäß miteinander verklebt. Die Schnitte ließen sich somit dann wie Diapositive betrachten. Auch habe ich von ihnen photographische Bilder derart hergestellt, daß ich sie wie ein photographisches Negativ unmittelbar auf lichtempfindlichem Papier kopierte („Trockenkontaktbilder" (s. Tafeln).

Bei der Betrachtung dieser Trockenschnitte ist natürlich zu berücksichtigen, daß die Muskelbündel ausgetrocknet und dadurch geschrumpft sind. Die Schrumpfung beträgt im Mittel 25 v.H. Diese Zahl wurde dadurch ermittelt, daß die Breite eines eisgefüllten Zwischenraumes unter dem Mikroskop unmittelbar nach dem Herstellen des Schnittes und dann am nächsten Tage, bis zu welchem Zeitpunkt der Schnitt unter dem Mikroskop liegen blieb, nochmals am nunmehr getrockneten Präparat gemessen wurde. Höhere Zahlen waren selten, etwas niedrigere häufiger. Die Mittelzahl ist aus 40 Einzelmessungen gewonnen. Der Grad der Schrumpfung wird beeinflußt von Tierart, Schnittrichtung und Faserstärke des Muskels. Grobfaseriges Fleisch, längs geschnitten, schrumpft am stärksten. Die Hohlräume bei den Trockenschnitten entsprechen also den eisgefüllten Räumen im Muskel, welche die Kontaktbilder zeigen. Ein unmittelbares Bild über den im allgemeinen nicht hohen Grad der Schrumpfung beim Trocknen der Schnitte bekommt man, wenn man die Trockenschnitte mit denjenigen Kontaktphotographien vergleicht, die vom selben Gefrierfleischmikrotomblock genommen sind (s. Tafeln).

Was zeigen nun die Kontaktbilder? Im Gefrierfleische finden sich zwischen den Muskelbündeln Eismassen von verschiedener Mächtigkeit. Letztere hängt ab von der Tierart, sodann vom Muskel. Zwei aneinandergrenzende Muskeln von verschiedener Faserstärke können demnach sehr verschieden breite Eisgräben aufweisen. Auch schwankt die Breite der Eisgräben im selben Schnitt sehr stark, mitunter im Verhältnis 1:10. Die Eismassen liegen, soweit die Betrachtung mit bloßem Auge oder mit der Lupe dies erkennen läßt, hauptsächlich zwischen den primären und sekundären Bündeln. Die Eismassen erscheinen selten kompakt, am ehesten noch bei zartfaserigem Fleisch und auf Querschnitten, gewöhnlich sehen sie aus, als bestünden sie aus einzelnen, im allgemeinen parallel verlaufenden, aber senkrecht zum Faserverlauf gestellten Eisnadeln. Nicht selten zeigen die Eismassen ein maschiges oder wabiges Aussehen, besonders bei grobfaserigem Fleisch und auch dann mehr auf Längsschnitten als auf Querschnitten, zum Teil dürfte es sich dabei um Kunstprodukte handeln, denn die Schnitte kommen etwas gekrümmt vom Block und müssen leicht mit dem Pinsel glatt gedrückt werden; dabei sind Risse und Sprünge im Eis kaum vermeidbar.

Die Trockenschnitte lassen sehr deutlich erkennen, daß die leeren Räume zwischen den Muskelbündeln, die früher mit Eis gefüllt waren, keine Kunstprodukte sind, durch die Präparatherstellung verursacht; denn man kann dieselben Spalten bei den Serienschnitten in organischer Folge sich von Schnitt zu Schnitt fortpflanzen sehen. Auch erkennt man an den Trockenschnitten, wie sehr die Breite der ehemaligen Eisgräben von der Tierart und weiterhin von der Muskulatur abhängt. So ist Rindfleisch meistens viel grobfaseriger als Hammelfleisch. Aber Rindfleisch kann ebenso feinfaserig erscheinen als Hammelfleisch, ja feinfaseriger. Auch ist die Faserdichte und Dicke im selben Schnitt oft sehr verschieden.

Um in die feineren Strukturverhältnisse des Gefrierfleisches Einblick zu gewinnen, wurden Mikrotomschnitte im Gefrierraum eingehend mikroskopiert und zwar zunächst in gefrorenem und dann in aufgetautem Zustande. Das Auftauen wurde sehr langsam und vorsichtig vorgenommen und der Vorgang unter dem Mikroskop dauernd verfolgt. Es erwies sich dabei zweckmäßig, nur mit schwachen Vergrößerungen zu arbeiten. Nachdem die Verhältnisse durch mikroskopische Untersuchung geklärt waren, konnte versucht werden, auch diese mikroskopischen Bilder photographisch festzuhalten. Als geeignete Vergrößerungen erwiesen sich 1:11 und 1:44. Dabei traten die Veränderungen der Fleischstruktur infolge des Gefrierens in allen wesentlichen Teilen klar zutage. Bei der letzteren Vergrößerung kam es häufig vor, daß das ganze Gesichtsfeld nur Eismassen aufwies; stärkere Vergrößerungen waren demnach für den vorliegenden Zweck unzweckmäßig.

Es wurde bei der Herstellung der Mikrophotogramme so verfahren, daß eine geeignete Stelle in einem Schnitt ausgesucht, mit Klammern sicher auf den Objekttisch befestigt und nun in den beiden Vergrößerungen 1:11 und 1:44 photographiert wurde. Hierauf wurde das ganze Mikroskop sehr langsam erwärmt, indem etwa $^3/_4$ m unter ihm eine winzige Spiritusflamme angebracht wurde, deren aufsteigender, schwach warmer Luftstrom den Schnitt ganz allmählich auftaute; dabei wurde der Schmelzvorgang dauernd im Mikroskop verfolgt. Irgend welche nennenswerten Verschiebungen in der Lage oder der Breite der Muskelfasern oder ihrer Bestandteile konnten während des Auftauens nicht beobachtet werden. Nach dem Auftauen wurde der noch nasse Schnitt möglichst schnell abermals in den beiden

Vergrößerungen photographiert. Darauf wurde das Mikroskop in dem kalten Luftstrom des Kaltluftkanals wieder unter 0° gekühlt, um weitere Aufnahmen machen, zu können.

Auf die eben beschriebene Art sind zahlreiche Mikrophotogramme gewonnen.

Sie zeigen besonders deutlich, welche mächtigen Eismassen zwischen die Muskelbündel eingelagert sind. Auch sieht man, daß diese aus einzelnen parallel, aber senkrecht gestellten Eiskristallen bestehen, wie das oben bereits erwähnt ist.

Wo liegen nun die Eismassen?

Ganz überwiegend finden sie sich zwischen den primären und sekundären Muskelbündeln, also da, wo das Bindegewebe des Muskels liegt. Die Breite dieser eiserfüllten Gräben schwankt außerordentlich, sie ist in der Hauptsache abhängig von Tierart und Muskelart; je grobfaseriger der Muskel, um so breiter sind die eisgefüllten Zwischenräume zwischen seinen Bündeln. Manchmal sind die Bündel in regelmäßiger Weise durch Eis von einander getrennt, so daß auf dem Schnitt jeweils Eis und Muskelbündel, nicht selten sogar beide gleichmäßig dick, miteinander abwechseln. Dann wieder sind Verbände von Bündeln im Zusammenhange geblieben und die Eismassen umschließen in diesem Falle Sekundärbündel oder Teile von ihnen; in solchen Fällen pflegen die Eismassen besonders groß zu sein. Für diese Erscheinung dürfte, wie später noch erörtert werden wird, teilweise wohl die Verteilung des Bindegewebes im Mittel maßgebend sein.

So regelmäßig die Auseinanderdrängung der Muskelbündel der Länge nach durch die Eismassen angetroffen wird, so verhältnismäßig recht selten finden sich quere Durchtrennungen. Es scheint, als ob die Primitivbündel eine erhebliche Überdehnung vertragen, ehe sie abreißen.

Schellenberg[1]) hat angegeben, daß die Hüllen der Muskelfasern vielfach beim Gefrieren gesprengt würden. Diese Angabe kann ich nicht bestätigen. Betrachtet man die Mikrophotogramme der Schnitte im aufgetauten Zustande, so findet man vielmehr und zwar in voller Regelmäßigkeit, daß in der Hauptsache das Bindegewebe des Muskels, besonders die feinen Stränge und Fäden, durch das Gefrieren zerrissen oder beschädigt werden. Man sieht, daß zwischen den einzelnen Bündeln ein teilweise ungemein reiches Gespinst von Bindegewebsfasern gespannt ist, quer zur Längsrichtung der Fasern. Diese mehr oder minder feinen Stränge sind da, wo die Muskelbündel durch die

---

1) Schweizer Arch. f. Tierheilk. 1912. H. 2.

Eismassen weit voneinander getrennt sind, durchgerissen, und zwar meistens in der Mitte. Die Trennungsstelle ist ganz gewöhnlich unscharf, teilweise sind nur einige Fasern eines Stranges gerissen, die übrigen halten noch ihre Verbindung. Es scheint, als wenn das Bindegewebe eine ganz bedeutende Dehnung verträgt, ehe es durchreißt. Vielfach hat auch der Bindegewebsstrang der Dehnung standgehalten, hat aber den Teil des Muskelbündels, an den er sich anheftet, aus dem letzteren herausgerissen, so daß dieser zapfenförmig in den Bündelzwischenraum hineinragt. In anderen Fällen ist es zum Herausreißen des Zapfens nicht gekommen, vielmehr ist der Vorgang der Dehnung beim Einfrieren beendet gewesen, nachdem der Teil der eigentlichen Muskelsubstanz, an der der Bindegewebsfaden zog, ein Stückchen nachgegeben hatte. Er hat also noch unmittelbare Verbindung mit seinem Muskelbündel, ragt aber wie ein Dorn in den Bündelzwischenraum hinein. Bei starker Vergrößerung kann man sehen, daß diese Zapfen und Dornen tatsächlich dem spezifischen Teile des Muskels angehören: sie zeigen die charakteristische Querstreifung. Diese Erscheinungen kehren sowohl bei Längs- wie bei Querschnitten wieder, bei letzteren allerdings weniger anschaulich.

Geht man mit stärkeren Vergrößerungen an Gefrierschnitte heran, so bekommt man keine wesentlichen weiteren Aufschlüsse. Die zu diesen Versuchen benutzten Präparate sind teils nur aufgetaut, teils mazeriert und zerzupft, teils nach üblichen Verfahren eingebettet, teils auch sind sie gefroren untersucht. Bei letzteren Präparaten sieht man, daß zwischen die einzelnen Muskelelemente, die Muskelfasern, zwar auch Eis ausgeschieden ist; es findet sich aber keineswegs in der Regelmäßigkeit, wie zwischen den Primärbündeln, und wenn es sich findet, so ist es gering an Menge. Aufspaltungen der Faser oder quere Abreißungen sind recht selten, doch kommen sie immerhin vor. Sehr deutlich sieht man dabei, daß die oben beschriebenen Zapfen und Dornen, die in die Bündelzwischenräume hineinragen, tatsächlich Teile einer oder mehrerer Muskelfasern sind. Die Zerreißungen, die das Bindegewebe zeigt, sind, wie nicht anders zu erwarten, auch an den Blutgefäßen, besonders an den sogenannten Präkapillaren, zu finden.

Es erschien von Wert, zu versuchen, die starke Überdehnung, welche die Bindegewebsfasern beim Einfrieren erleiden, näher nachzuweisen. Zu diesem Zwecke wurden große Stücke Fleisch gefroren, bei $+$ 3 bis 6° aufgetaut, wieder gefroren und nun im gefrorenen Zustande untersucht und photographiert. Man sieht an ihnen, daß die, wenn man so sagen darf, Verspannungen der einzelnen Muskelbündel durch die Bindegewebsfasern kaum noch vorhanden sind. Die Bindegewebszüge und Fasern sind schlaff, die abgerissenen Fasern liegen regellos, teilweise aufgerollt in den Lücken zwischen den Muskelbalken.

Es tritt nun die Frage hervor: wie entstehen die eisgefüllten Zwischenräume, woher kommt und woraus besteht die Flüssigkeit, welche das Eis bildet, steht sie in Beziehung zum Lecksaft und wie ist dessen Herkunft zu erklären?

Man konnte daran denken, daß die Flüssigkeit mit dem Lecksafte, der beim Auftauen des Gefrierfleisches auftritt, in Verbindung steht oder gar mit ihm identisch ist. Dann mußte die Flüssigkeit eiweißhaltig sein, enthält doch der Lecksaft nach Storp etwa 8 pCt. Eiweiß. Es ließ sich jedoch an gefärbten Schnitten zeigen, daß die Zwischenräume zwischen den Muskelbündeln optisch nahezu leer sind. Auch an getrockneten Mikrotomschnitten konnte man unter dem Mikroskop, wenn man mit einer feinen Nadel in den Zwischenräumen kratzte, keine Eiweißspähnchen abheben und sichtbar werden sehen; nur die dabei zerreißenden Bindegewebsfasern traten in die Erscheinung.

Noch auf einem anderen Wege wurde versucht, über die Natur der Flüssigkeit Aufschluß zu erhalten. Würfel gefrorenen Fleisches von verschiedener Kantenlänge (etwa 2—8 cm) wurden in ein großes Gefäß mit siedendem Wasser geworfen, unter dem mehrere kräftige Gasflammen brannten. Das Fleisch taute infolgedessen sehr schnell auf und gerinnbare Stoffe gerannen ebenfalls sehr schnell da, wo sie sich gerade befanden; bei der Geschwindigkeit, mit der das Auftauen und Gerinnen wenigstens bei den kleinen Fleischstücken vor sich ging, war eine wesentliche Verschiebung der Flüssigkeiten in der Mitte des Stückes wenig wahrscheinlich. Nachdem die Fleischstücke $1/2$ Stunde im Kochbade gelegen hatten, wurden sie in den Kaltluftkanal gelegt, wo sie rasch gefroren, und hierauf in der beschriebenen Weise im Eishause untersucht und photographiert. Auch diese Bilder ließen erkennen, daß die Zwischenräume eiweißfrei sind; denn zur Kontrolle angelegte Ausstriche von 1 proz. Eiweißlösung auf Objektträgern, die noch feucht in einem Dampfstrome gehalten wurden, damit das Eiweiß gerinne, ergaben unverkennbare Eiweißgerinnsel. In den Schnitten fehlten diese aber in den Zwischenräumen. Selbstverständlihh fehlte auch das Bindegewebe, das durch das Kochen sich in Leim verwandelt. Die Zwischenräume zwischen den Bündeln waren erheblich kleiner, sie fanden sich auch mehr zwischen größeren Bündeln, und die Bündel waren häufiger quer zerrissen — alles Erscheinungen, die durch die größere Starre und den kleineren Wassergehalt des gekochten Fleisches ohne weiteres verständlich sind; wesentlich war dabei, daß die eisgefüllten Zwischenräume sich auch beim gekochten Fleische fanden und zwar hauptsächlich an gleicher Stelle, wie beim nicht gekochten Fleisch.

Ganz gleiche Bilder ergaben sich, wenn man frisches Fleisch zunächst kochte und dann in der eben beschriebenen Weise untersuchte.

Es wurde noch versucht, die Bildung der eisgefüllten Lücken unmittelbar unter dem Mikroskop zu verfolgen. Zu dem Zwecke wurden bei Zimmertemperatur möglichst dünne Doppelmesserschnitte frischen Fleisches angefertigt, auf Objektträger gebracht und letztere in einem durch Watte gut isolierten Pappkästchen in den Gefrierraum gebracht. Dort wurde zunächst das Mikroskop an einem Trockenschnitt, und außerdem die Zuleitung der kalten Luft auf den Objekttisch gut eingestellt und hierauf der nicht gefrorene Doppelmesserschnitt schnell auf den Objekttisch gebracht und dauernd im Mikroskop betrachtet. Der Schnitt gefror etwa in 30 Sekunden, ohne daß aber die Veränderungen eintraten, die oben geschildert sind. Allerdings sind ja die Bedingungen in diesem Falle erheblich anders als bei großen Stücken, und ganz besonders ist die Gefriergeschwindigkeit außerordentlich viel größer als bei großen Fleischstücken, die mehrere Tage bis zum Durchfrieren brauchen.

Die geschilderten Befunde ließen sich an allen Fleischstücken erheben, gleichgültig, ob das untersuchte Teilchen von der Oberfläche oder aus der Tiefe stammte, ob das Fleisch eben erst eingefroren oder ein halbes Jahr in gefrorenem Zustande aufbewahrt war. In letzterem Falle waren die früher eisefüllten Zwischenräume vielfach leer und die Muskelbündel geschrumpft, weil das Fleisch infolge der allmählichen Eisverdunstung zusammengetrocknet war.

Der lebende oder ungefrorene Muskel kann als ein Netzwerk von Bindegewebe und Sarkolemma angesehen werden; die letzteren röhrenförmigen Gebilde sind mit einer Lösung von Eiweiß — Kolloiden — und Salzen — Kristalloiden — angefüllt. In den Bindegewebslücken wird normalerweise wohl immer etwas Flüssigkeit stehen, doch nicht so viel, daß größere Safträume dadurch entstünden.

Ausgangspunkt der Veränderungen sind also in der Hauptsache die Muskelzellen oder Muskelfasern, die als Dialysierschläuche, mit homogener Lösung von Kolloiden und Kristalloiden prall gefüllt, angesehen werden können. In diesem System spielen sich nun die physikalisch-chemischen Vorgänge des Ausfrierens solcher Lösungen ab; die Flüssigkeiten werden dabei dishomogen und zwar vollzieht sich der Dissoziationsvorgang in bestimmter Abhängigkeit von der Gefriergeschwindigkeit, wie Reuter[1]) für das Einfrieren von Fischen gezeigt hat. Bei dem langsamen Gefrieren in Luft, wie es, der Praxis der Kältekonservierung folgend, in den vorliegenden Versuchen angewandt wurde, vollzieht sich der Vorgang der Dissoziation ganz allmählich, dafür aber auch sehr gründlich. Aus der Muskelzelle tritt zunächst das Wasser, das sich vom Kolloid unter der Wirkung der Kälte trennt, durch Osmose durch die Sarkolemmahülle hindurch, begleitet von einem Teil der Salze, sammelt sich in den präformierten Hohlräumen des Bindegewebsgespinstes rings um die primären und sekundären Muskelbündel, zum kleinsten Teil auch zwischen den einzelnen Muskelfasern selbst, und gefriert dort. Dabei treibt es die Muskelbündel auseinander, klemmt die zwischen ihnen gespannten Bindegewebsfasern ein und zieht teilweise deren Ansätze entweder samt einem Teil der eigentlichen Muskelfaser ganz aus dieser heraus oder zerrt sie doch dornartig in den Bündelzwischenraum hinein. Identisch mit dem Lecksaft ist die aufgetaute Eismasse aber nicht, weil sie praktisch eiweißfrei ist, der Lecksaft aber etwa 8 v. H. Eiweiß enthält.

Das zwischen den Muskelbündeln stehende Eis dürfte indessen insofern zum Lecksaft in Beziehung stehen, als nach dem Auftauen durch die Löcher des Sarkolemmaschlauches Eiweiß zwischen die Muskelbalken tritt und, mit dieser Flüssigkeit vermischt, abtropft. Auf diese Art würde sich am ehesten noch der Abstand des Lecksaftes im Eiweißgehalt von demjenigen des vollen Muskelsaftes erklären: der Lecksaft wäre danach ein durch Schmelzwasser, das aus den Lücken zwischen den Muskelbündeln stammt, verdünnter Muskelsaft.

Sehr wesentlich ist es, daß die erfolgte Dissoziierung der Muskelflüssigkeit, praktisch genommen, nicht zum kleinen Teil wieder rückgängig gemacht werden kann. Die Gefrierung wirkt auf das Kolloid ähnlich wie ein Gerinnungsvorgang ein. So sagt Ostwald[2]), daß beim Gefrieren kolloidaler Lösungen Koagulationsvorgänge wie beim Erhitzen eintreten können. „Im allgemeinen lassen sich kolloidale Lösungen, speziell Emulsoide, weitgehend unterkühlen. Tritt Gefrieren ein, so wird in der Regel gleichzeitig mit der Kristallisation des Eises das Kolloid koaguliert. . . . Sodann ergeben sich wesentliche Unterschiede beim nachherigen Auftauen. Während Metallhydroxyde, Kieselsäure usw. wieder unverändert in ein flüssiges Hydrosol übergehen, erleiden die meisten organischen wie anorganischen Suspen-

---

1) Abhandlungen zur Volksernährung. Berlin 1916. H. 5.
2) Grundriß der Kolloidchemie. Dresden 1909. S. 507.

soide und Emulsoide Dispersitätsverringerungen, die zu einem makroheterogenen System beim Auftauen führen."

Daß der alte Zustand des Muskels nach dem Auftauen im wesentlichen nicht wieder eintritt, zeigen die Mikrophotogramme mit aller Deutlichkeit. Selbst wenn man die aufgetauten Schnitte in einer kleinen feuchten Kammer tagelang im Eisschranke liegen ließ, trat keine Änderung der photographisch festgehaltenen Verhältnisse ein: der durch die Kälte im Fleische geschaffene Dissoziationszustand ist in der Hauptsache irreversibel.

Die hier mitgeteilten Tatsachen geben die Erklärung für zwei der eingangs erwähnten besonderen Eigenschaften, durch die sich Gefrierfleisch von frischem Fleisch unterscheidet: Die Teigigkeit und die Neigung zu rascherem Faulen. Der Gefrierprozeß setzt sowohl durch Zerreißung zahlreicher Bindegewebsfasern wie durch die Entquellung des Eiweißes die Elastizität der einzelnen Muskelzellen wie der Zellverbände herab. Außerdem tropft ein Teil des Muskelsaftes beim Auftauen ab, was wiederum zu einer Konsistenzverringerung führt, die freilich im Vergleich zu den beiden erstgenannten konsistenzverringernden Einflüssen gering ist, auch noch dadurch gering, als der Lecksaft nur aus den oberflächlichen Teilen besonders der durchschnittenen Muskeln austreten dürfte. Man darf nicht vergessen, daß die eiserfüllten Zwischenräume zwischen den Muskelbündeln doch zum großen Teil kapillärer Natur und mit einem dichten Geflecht von Bindegewebsfasern wie etwa von einem Dochte ausgefüllt sind, wodurch dem Abfluß der Flüssigkeit immerhin erheblicher Widerstand entgegengesetzt wird. Bei langsamem Auftauen ist die Lecksaftbildung nach vielfachen übereinstimmenden Mitteilungen geringer als bei raschem Auftauen. Das mag dafür sprechen, daß gewisse Rückbildungen in der durch das Gefrieren erfolgten Wasserverschiebung im Muskel in der Richtung des normalen Zustandes möglich sind und tatsächlich eintreten, teils wird die Verringerung darauf zurückzuführen sein, daß sich beim Auftauen im kühlen Raum weniger Luftfeuchtigkeit niederschlägt.

Die durch das Gefühl so leicht wahrnehmbare Teigigkeit aufgetauten Gefrierfleisches und die eben geschilderten Ursachen dafür legen es nahe, zu versuchen, ob sich etwa eine Abnahme der Festigkeit des Gefrierfleisches durch Messung feststellen ließ. Die Angabe, daß Gefrierfleisch besonders zart sei, läßt sich auf Grund der vielfachen Zerreißungen der Bindegewebsfasern immerhin verstehen, die freilich ebenfalls oft gehörte Ansicht, Gefrierfleisch schmecke strohig, kann dadurch nicht begründet werden, hier muß man vielleicht mehr an die Entquellung der Eiweißkörper denken.

Die Messungen über die Reißfestigkeit des Fleisches wurden derart ausgeführt, daß ein großes Stück Fleisch halbiert und die eine Hälfte zum Gefrieren gebracht und dann wieder aufgetaut wurde. Beide Hälften waren in der Struktur des Muskels als gleich anzusehen. Nun wurden von beiden Stücken 1 cm dicke Scheiben geschnitten und aus diesen rechteckige Stücke von der Ausmessung 2 zu 6 cm hergestellt. Je 2 cm über der Mitte der beiden Schmalseiten wurden zwei Fleischhaken von etwa 2 mm Durchmesser durchgezogen, an deren einem das Fleischstück aufgehängt wurde, während an dem anderen Haken ein Hohlgefäß befestigt und allmählich mit Wasser gefüllt wurde, bis das Fleischstück durchriß; Eigengewicht des Hohlgefäßes und die verbrauchte Wassermenge ergaben dann das Maß für die Reißfestigkeit des Fleisches. Solche Versuche wurden an Fleisch mit längs und quer zur Zugrichtung verlaufenden Muskelfasern angestellt. Ein derartiger Versuch, der jeweils 10 Stückchen frischen und gefroren gewesenen Fleisches umfaßte, möge hier Platz finden.

Faserverlauf längs.

Fleischstück	Frisches Fleisch	Gefroren gewesenes Fleisch
	Abreißbelastung kg	
1	3,5	3,1
2	3,9	3,3
3	3,7	2,7
4	3,1	3,6
5	3,3	2,8
6	2,9	2,9
7	4,0	3,7
8	3,7	3,0
9	3,3	2,8
10	3,7	3,1
Mittel	3,5	3,1

Die Mittelzahlen der anderen 4 Versuche sind folgende:

Faserverlauf längs.

Mittelzahl Versuch	Frisches Fleisch	Gefroren gewesenes Fleisch
	Abreißbelastung kg	
1	3,0	2,9
2	3,1	2,7
3	3,3	3,1
4	3,2	2,6
5 (s. o.)	3,5	2,7
Mittel	3,3	2,7

Faserrichtung quer.

Mittelzahl Versuch	Frisches Fleisch	Gefroren gewesenes Fleisch
	Abreißbelastung kg	
1	3,3	2,7
2	3,2	2,4
3	3,1	2,2
4	2,9	3,0
5	3,7	2,7
Mittel	3,2	2.6

Die Reißfestigkeit ist also nicht nennenswert verschieden, mag man den Muskel quer oder längs belasten. Die Abnahme der Reißfestigkeit infolge des Gefrierens ist geringer, als sie nach den teilweise erheblichen Zerstörungen, die die Mikrophotogramme zeigen, erwartet werden konnte, sie beträgt rund ein Fünftel.

Nach den zahlreichen Beobachtungen über das Verhalten von Bakterien in der Kälte, denen zufolge sie davon so gut wie garnicht beeinflußt werden, stand zu erwarten, daß der Bakteriengehalt des Fleisches beim Aufbewahren in gefrorenem Zustande nur sehr langsam zurückgehen würde, entsprechend der durch die Kälte verzögerten natürlichen Absterbeordnung infolge des Alterns. Ist doch durch sehr zahlreiche Versuche der Praxis erwiesen, daß Gefrierfleisch, dauernd gefroren gehalten, sich praktisch unbegrenzte Zeit hält; Bakterienwachstum, das die wesentlichste und für die Praxis einzige Ursache der Fleischverderbnis darstellt, kommt auch danach beim Fleisch im gefrorenen Zustande nicht vor. Wohl kann Gefrierfleisch, wenn es dicht auf einander gepackt wird und wenn die Luftumwälzung und Lufterneuerung im Gefrierraum ungenügend ist, Schimmelbildung zeigen, und wenn die einzelnen Kolonien einen zusammenhängenden Rasen bilden, so kann das Fleisch in seinen obersten Schichten infolge dumpfigen Geschmacks minder tauglich zum Genuß sein. Doch lassen sich die Schimmelkolonnen in den weitaus meisten Fällen bei einem geordneten Gefrierhausbetriebe in geringen Grenzen halten. Auch bei sehr starker Verschimmelung läßt sich das Fleisch durch Abtragen der obersten Schichten mittels des Messers in seiner Hauptmasse stets wieder genußfähig machen. Eine die ganze Fleischmasse durchsetzende Fäulnis, die durch Bakterien bedingt sein müßte, kommt jedoch nicht vor und ist nach Lage der biologischen Verhältnisse auch nicht anzunehmen.

Immerhin erschien es nicht ganz ohne Interesse, die Absterbegeschwindigkeit der dem Fleisch anhaftenden Saprophyten, die ja beim Aufbewahren über 0° sein Verderben normalerweise herbeiführen, zahlenmäßig zu verfolgen. Zu diesem Zweck wurde folgendermaßen verfahren:

Aus einem großen Fleischstück werden 1 cm dicke Scheiben mittels eines langen, sogen. Amputationsmessers geschnitten, die zunächst in 1 cm breite Streifen und diese wiederum durch Querschnitte in Würfel von etwa 1 cm Kantenlänge zerlegt werden. Die einzelnen Würfel wurden mit der Schere auf ein Gewicht von 1 g gebracht. Hierauf wurden die Würfel ein Weilchen mit der Hand durcheinander gemengt, um ihre Oberflächen einigermaßen gleichmäßig zu infizieren. Hierauf kamen die Würfel je in Doppelschälchen sogleich in das Gefrierhaus. Von Zeit zu Zeit wurden je drei Würfel untersucht, indem das Fleischstückchen im sterilen Porzellanmörser zerrieben und zerdrückt und allmählich mit 5 ccm steriler physiologischer Kochsalzlösung versetzt wurde; die Flüssigkeit wurde dann zu Gelatineplatten verarbeitet. Ebenso wurden natürlich die Kontrollen vor dem Gefrieren untersucht. Während das Zerreiben frischen Fleisches nur unter erheblicher Mühe und nur unvollkommen gelingt, läßt sich gefroren gewesenes Fleisch ohne nennenswerte Schwierigkeiten zerdrücken und zerreiben; es bleibt in der Flüssigkeit alsdann das zusammengeknäuelte Fadenwerk des Bindegewebes als graue Masse zurück, etwa so, wie beim Defibrinieren von Blut das Fibrin sich an dem zum Rühren benutzten Stabe ansetzt. Bei frischem Fleisch ist diese Trennung in Bindegewebe und lösliche Muskelsubstanz kaum zu erreichen. Auch diese Tatsache deutet übrigens auf die weitgehende Veränderung hin, die das Fleisch beim Gefrieren erleidet, und die oben bereits näher geschildert ist.

Einer dieser Versuche über Keimzählung im gefrorenen Fleische möge hier folgen:

Aufbewahrungszeit der 1 g schweren Fleischstücke im Gefrierhause. Tage	Keimzahl des zerriebenen und mit 5 ccm NaCl-Lösung versehenen Fleischstückes, auf 1 ccm bezogen (Mittel aus drei untersuchten Fleischstücken)
3	7450
6	7120
9	8265
15	6900
20	5874
30	6116
40	5300
50	5350
60	5216
70	4974
80	4726

Aufbewahrungszeit der 1 g schweren Fleischstücke im Gefrierhause. Tage	Keimzahl des zerriebenen und mit 5 ccm NaCl-Lösung versehenen Fleischstückes, auf 1 ccm bezogen (Mittel aus drei untersuchten Fleischstücken)
90	4310
100	3614
125	3124
150	3100
175	2876
200	2624
	Kontrolle: 10496

Hier hat es sich um ein verhältnismäßig recht keimarmes Fleisch gehandelt, dessen Keimzahl im Laufe von 200 Tagen auf rund $1/4$ beim Aufbewahren im gefrorenen Zustande zurückgegangen ist. Diese nichts Ungewöhnliches darbietende Tatsache ließ sich bei mehreren Parallelversuchen in gleicher Weise feststellen, wenn auch die Geschwindigkeit der Keimverringerung, wie das Verhältnis zwischen ursprünglicher und nach langer Aufbewahrungszeit erreichter Keimzahl nicht unerhebliche Verschiedenheiten zeigte. Die ursprüngliche Keimzahl hatte dabei auf diese Verhältnisse keine erkennbare Wirkung. In einer Versuchsreihe ging die Keimzahl auf ein Achtel, in einer anderen auf ein Drittel zurück. Die Erklärung dürfte in der zufälligen Gegenwart mehr oder minder hinfälliger Keime zu suchen sein.

Über die Neigung des Gefrierfleisches, nach dem Auftauen rasch zu faulen, wurden zunächst Versuche in der gleichen Art, wie oben beschrieben, angestellt. An den ungefrorenen Kontrollen des Fleisches wurde an drei Stückchen die mittlere Keimzahl festgestellt und hierauf in gleicher Weise mit den gefrorenen und dann im Eisschrank oder bei Zimmertemperatur aufgetauten und aufbewahrten Stücken verfahren. Bei der Aufbewahrung der im Eisschrank aufgetauten und dort aufbewahrten Stückchen ließ sich durch den bloßen Anblick insofern ein Unterschied in jeder Versuchsreihe erkennen, als vom Ende des zweiten bis Anfang des dritten Tages an die aufgetauten Stückchen gegenüber Kontrollstückchen frischen Fleisches eine merklich dunklere, bräunliche Farbe aufwiesen. Der Unterschied nahm in den folgenden Tagen zu, und etwa vom vierten Tage an begannen die Fleischstückchen fauligen Geruch zu bekommen, während die Kontrollstückchen durchschnittlich erst anderthalb bis zwei Tage später faulig rochen.

Sehr viel größer war der für den bloßen Anblick wie für den Geruchssinn wahrnehmbare Unterschied zwischen gefrorenem und ungefrorenem Fleisch, wenn das Auftauen und Aufbewahren bei Zimmertemperatur erfolgt. Regelmäßig war dann das aufgetaute Fleisch nach einem Tage, vielfach sogar schon nach 12 Stunden mißfarben, teils schmierig belegt, teils schwarzbraun verfärbt, und nach längstens 48 Stunden rochen die Stückchen stets stark faulig, während die Kontrollstückchen in dieser Zeit zwar ebenfalls dunkel verfärbt waren, aber höchstens einen leicht unangenehmen Geruch angenommen hatten. Diese Erscheinungen ließen sich regelmäßig beobachten, gleichgültig, ob die Fleischstückchen einen Tag oder einige Monate gefroren gehalten waren. Wie die Keimzahlen sich nach dem Auftauen verhalten, mögen folgende Zahlenreihen veranschaulichen. Die Technik war dabei im einzelnen folgende:

Von jedem Fleischstück, das in die beschriebenen Würfelchen zerschnitten wurde, wurden, da der Versuch sieben Tage laufen sollte und an jedem Tage drei Stückchen untersucht werden sollten, je 21 Stücke im Eisschrank und im Zimmer aufbewahrt, und an je dreien täglich die Keimzahl in der beschriebenen Weise nach Zerreiben bestimmt. Die doppelte Anzahl Fleischstückchen wurde im Gefrierhause unmittelbar nach dem Zerlegen eingefroren und in einem Versuche nach langer, im anderen Versuche nach kurzer Verweildauer im Gefrierhause, in anderen zwei Versuchen mit doppelter Zahl von Fleischstückchen sowohl nach dreitägigem wie nach dreimonatigem Gefrierzustande untersucht. Jedes Fleischstückchen lag in einer Doppelschale.

Keimzahlen in 0,001 ccm der Aufschwemmungsflüssigkeit bei

Aufbewahrungszeit. Tage	frischem Fleisch aufbewahrt		Gefrierfleisch	
	im Eisschrank	im Zimmer	im Eisschrank aufgetaut und aufbewahrt	im Zimmer
0	26	32	34	29
1	272	12 900	12 400	700 000
2	5 400	269 000	130 000	über 1 Million
3	21 700	über 1 Million	900 000	∞
4	80 000	∞	über 1 Million	∞
5	260 000	∞	∞	∞
6	über 1 Million	∞	∞	∞
7	∞			

Aus diesem und insgesamt weiteren acht Versuchen, die zwar in den Zahlen nicht unerhebliche Unterschiede, in dem Verhältnis der Zahlen zu einander aber keine wesentlichen Verschiedenheiten boten, geht hervor, daß im Eisschrank aufgetautes und aufbewahrtes Gefrierfleisch etwa um die Hälfte, im Zimmer aufgetautes und aufbewahrtes Fleisch etwa 2 bis 3 mal so rasches Bakterienwachstum aufweist wie frisches Fleisch. Besonders bei den im Zimmer gehaltenen Fleischstücken wurde nach der Schnelligkeit, mit der für Auge und

Geruchssinn die Veränderungen des Fleisches eintraten, eine raschere Steigerung der Keimzahl erwartet. Es ist nicht unwahrscheinlich, daß die rasche Veränderung, welche Gefrierfleisch bei Wärmegraden um 20° C herum erleidet, mit darauf zurückzuführen ist, daß das durch das Gefrieren chemisch-physikalisch veränderte Muskeleiweiß, vielleicht auch das Bindegewebe, für die Fermente der Bakterien besser angreifbar geworden ist. Außerdem ist die Angriffsfläche der Bakterien und ihrer Fermente ungleich größer als beim frischen Fleisch, weil die Keime, wie sich an Schnitten auch unmittelbar verfolgen läßt, und wie es nach den oben dargelegten Strukturverhältnissen des Gefrierfleisches von vornherein anzunehmen ist, in den flüssigkeitserfüllten Räumen zwischen den Muskelbündeln sehr bequem wie etwa auf vorgezeichneten Wegen von der Oberfläche des Fleisches in dessen Inneres hineinwuchern, um so mehr, als ja zahlreiche Bindegewebsfasern, die immerhin ein gewisses mechanisches Hindernis bieten, durch das Gefrieren zerrissen sind. An größeren Stücken Fleisch ließen sich diese Vorgänge auch durch Festhaltung der Keimzahlen in verschiedener Tiefe verfolgen. Zu diesem Zwecke wurden würfelförmige Fleischstücke von der Kantenlänge von 10 cm sowohl ungefroren wie gefroren und dann wieder aufgetaut und bei Zimmertemperatur teils nach ein, teils nach zwei und vier Tagen untersucht. Zunächst wurde die Oberfläche der Fleischwürfel mit dem heißen Messer verschorft, um nicht von dem Hauptsitz der Bakterien, der Fleischoberfläche, Keime in die Tiefe zu verschleppen, sodann wurde der Würfel durch parallele Schnitte in Abständen von 1 cm in gleich dicke Scheiben zerlegt, von der Mitte der Scheibe mit dem scharfen Löffel aus einer Fläche von 2 mal 2 cm je 1 g Fleisch abgeschabt, dies in der früher beschriebenen Weise mit physiologischer Kochsalzlösung zerrieben und in letzterer der Keimgehalt bestimmt. Die Zahlen eines Versuches sind folgende:

Aufbewahrungszeit des Fleisches bei 20° 2 Tage.

Entnahmestelle des Fleisches:	Keimzahlen in 0,1 Aufschwemmungsflüssigkeit.	
	Frisches Fleisch	Gefrierfleisch
Oberfläche	860 000	2 Millionen
1 cm darunter . . .	326 000	1,7 „
2 „ „ . . .	117 000	1,3 „
3 „ „ . . .	41 700	870 000
4 „ „ . . .	1 120	267 000
5 „ „ . . .	26	67 000

Während also beim frischen Fleisch unter einer Außenschicht von hoher Keimzahl verhältnismäßig keimarme Schichten sich in geringem Abstande finden, ist die Durchsetzung mit Keimen beim aufgetauten Gefrierfleisch sehr viel gleichmäßiger, weil eben die Bakterien in den breiten, safterfüllten Lücken zwischen den Muskelbündeln sehr leicht sowohl durch Eigenbewegung als auch durch einfaches Fortwachsen einwuchern können.

Es war immerhin möglich, daß durch die chemisch-physikalischen Veränderungen, welche das Fleisch durch das Gefrieren erfährt, die Nährfähigkeit des Fleisches für Mikroorganismen erhöht worden war. Um hierüber Aufschluß zu gewinnen, wurden sowohl aus frischen wie aus gefrorenen Teilen desselben Muskels in der üblichen Weise bakteriologische Nährböden hergestellt und auf Nährfähigkeit mittels Keimzählungen geprüft. Ferner wurden gleich große Stückchen gefrorenen und frischen Fleisches vom gleichen Muskel mit gleicher Menge physiologischer Kochsalzlösung zerrieben, die Flüssigkeit durch ein keimdichtes Filter getrieben, auf Keimfreiheit geprüft und, wenn diese erwiesen, mit Reinkultur von Bact. coli oder proteus beimpft und nach Bebrütung die Keimzahl ermittelt.

In beiden Versuchsanordnungen ergaben sich praktisch gleiche Keimzahlen; eine Erhöhung der Nährfähigkeit des Fleisches für Bakterien tritt also nicht ein.

Aus den beschriebenen Versuchen ergeben sich folgende Tatsachen:

Beim Einfrieren von Fleisch in bewegter kalter Luft von etwa — 7° C, wie die Kältetechnik es fast allgemein ausführt, tritt eine Veränderung des Muskeleiweißes in chemisch-physikalischer Beziehung ein. Die Kolloidlösung des Muskeleiweißes friert aus, das Wasser tritt mit einem Teil der Fleischsalze in der Hauptsache auf osmotischem Wege durch die Hülle der Muskelzelle, das Sarkolemma, hindurch, sammelt sich zum allergrößten Teil zwischen den primären und sekundären Muskelbündeln, zu einem ganz kleinen Teil auch zwischen den einzelnen Muskelzellen und gefriert dort. Dabei treibt es die Muskelbündel der Länge nach auseinander. Die quer zwischen den Muskelbündeln verlaufenden Bindegewebsfasern werden teilweise zerrissen, teilweise stark gedehnt, teilweise reißen sie den Teil der Muskelfasern, der an ihrem Ansatz anliegt, entweder wie einen Zapfen ganz heraus aus der Muskelzelle oder ziehen ihn dornartig in den Bündelzwischenraum hinein. Quere Abreißungen von Muskelbündeln sind verhältnismäßig selten.

In diesem Zustande verharrt das Fleisch, solange es dauernd gefroren bleibt. Beim Auftauen wird die Wasserverteilung im Muskel, wie sie vor dem Gefrieren bestand, nicht wieder hergestellt. Die chemisch-physikalische Änderung, welche das Gefrieren im Fleische verändert hat, ist mithin so gut wie irreversibel. Die früher prall elastische Muskelfaser ist schlaff geworden. Der Muskel hat infolgedessen ebenfalls seine ursprüngliche, prall elastische Beschaffenheit endgültig verloren.

Diese Tatsache, wie die nachgewiesene Zerreißung zahlreicher Bindegewebsfasern geben die Erklärung für die Eigenschaften des Gefrierfleisches, nach dem Auftauen teigig zu sein und leichter als frisches Fleisch zu faulen. Die Teigigkeit wird noch dadurch erhöht, daß beim Auftauen Eiweiß durch die Löcher des Sarkolemmas allem Anschein nach austritt und mit dem zwischen den Muskelbalken stehenden Wasser teilweise abtropft.

In die zahllosen safterfüllten Zwischenräume, die sich zwischen den Muskelfasern des gefroren gewesenen Fleisches finden, wachsen die Bakterien von der Oberfläche des Fleisches her sehr rasch hinein, zumal das Bindegewebe dieser Räume teilweise zerrissen ist. Eine Erhöhung der Nährfähigkeit der Muskelsubstanz für Bakterien tritt durch das Gefrieren zwar nicht ein, vielmehr handelt es sich um eine mechanische, allerdings sehr bedeutende Erleichterung des Durchwachsens. Mutmaßlich tritt aber eine Erhöhung der Angreifbarkeit des Fleisches durch die abbauenden Fermente der Bakterien ein. Bei Auftauen und Aufbewahren im Eisschranke fault Gefrierfleisch etwa um die Hälfte, und wenn man das Auftauen bei Zimmertemperatur vornimmt, etwa 2—3 mal so rasch, als nicht gefroren gewesenes Fleisch.

Hieraus ergibt sich zweckmäßig die praktische Folgerung, daß man Fleisch zur Geschmacksverbesserung vor dem Gefrieren abhängen läßt, da ein Reifen in gefrorenem Zustande kaum statthat; andererseits ist aber ein rasches Verzehren nach dem Auftauen sehr wünschenswert. Auch ist zu fordern, daß Gefrierfleisch als solches dem Käufer kenntlich gemacht wird. Hat sich die Bevölkerung mit dem Verbrauch von Gefrierfleisch vertraut gemacht, so wird sie es entsprechend behandeln, d. h. bald nach dem Auftauen verzehren und dadurch vor Verlusten, wie vor Gesundheitsschädigungen durch verdorbene Ware genügend geschützt sein. Unter diesen Bedingungen ist vom gesundheitlichen Standpunkte gegen Gefrierfleisch nichts einzuwenden, vorausgesetzt, daß die Vieh- und Fleischbeschau ordnungsgemäß ebenso vorgenommen ist, als wenn es sich um Gewinnung von Frischfleisch handelt.

Tafelerklärung.

Tafel I.

Fig. 1. Rindfleisch, längs geschnitten in gefrorenem Zustand. „Kontaktbild." Drei aufeinander folgende Schnitte. Natürliche Größe.
Fig. 2. Dieselben Schnitte nach Trocknung. „Trocken-Kontaktbild."
Fig. 3. Hammelfleisch. Längsschnitt, gefroren. Vergr. 1 : 44.

Tafel II.

Fig. 1. Rindfleisch, Querschnitt, gefroren. Vergr. 1 : 44.
Fig. 2. Derselbe Schnitt, aufgetaut und sogleich photographiert. Vergr. 1 : 44.

Tafel III.

Fig. 1. Rindfleisch, Längsschnitt. Im gefrorenen Zustand geschnitten, aufgetaut und sodann gleich photographiert. Vergr. 1 : 11.
Fig. 2. Die Mitte des gleichen Schnittes, vor dem Auftauen photographiert. Vergr. 1 : 44.
Fig. 3. Derselbe Schnitt wie III, 2, sofort nach dem Auftauen photographiert. Vergr. 1 : 44.

Veröffentl. a. d. Geb. d. Militärsanitätswes. H. 75. Taf. I

Fig. 1.

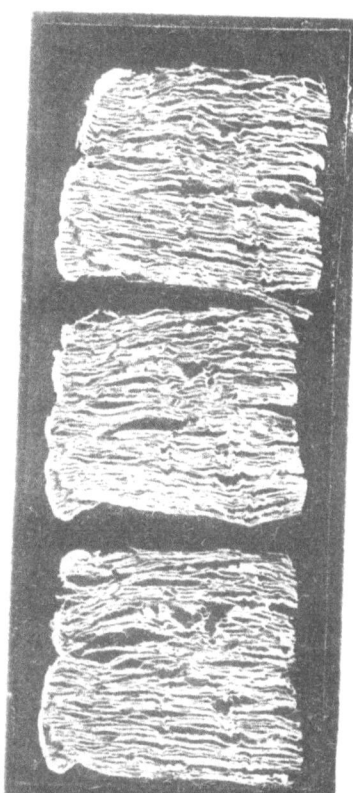

Fig. 2.

Fig. 3.

Dr. Konrich. Lichtdruck Neinert-Hennig, Berlin

Veröffentl. a. d. Geb. d. Militärsanitätswes. H. 75. Taf. II.

Fig. 1.

Fig. 2.

Dr. Konrich.

Veröffentl. a. d. Geb. d. Militärsanitätswes. H. 75. Taf. III.

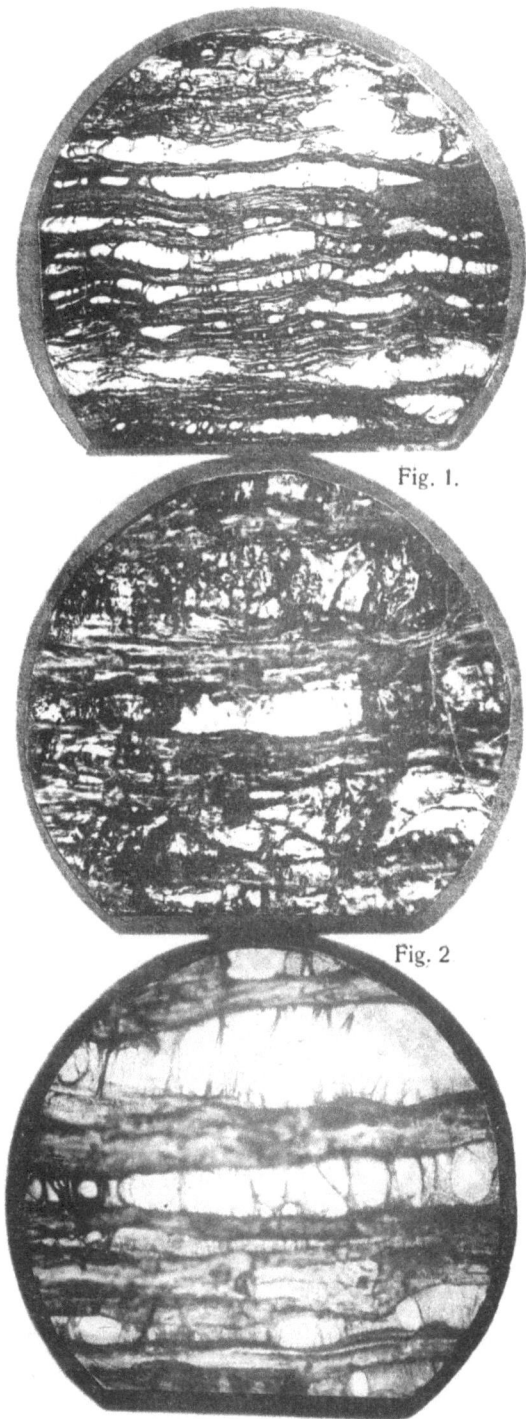

Fig. 1.

Fig. 2.

Fig. 3.

Dr. Konrich. Lichtdruck Neinert-Hennig, Berlin S. 42

25. Heft. Ueber die Entstehung und Behandlung des Plattfusses im jugendlichen Alter. Von Dr. Schiff. 1904. 2 M.

26. Heft. Ueber plötzliche Todesfälle, mit besonderer Berücksichtigung der militärärztlichen Verhältnisse. Von Oberarzt Dr. Busch. 1904. 2 M. 40 Pf.

27. Heft. Kriegschirurgen und Feldärzte der Neuzeit. Von Oberstabsarzt Prof. Dr. A. Köhler. 1904. 18 M.

28. Heft. Beiträge zur Schutzimpfung gegen Typhus. Bearbeitet in der Medizinal-Abteilung des Königl. Preuss. Kriegsministeriums. Mit 10 Kurven im Text. 1905. 1 M. 60 Pf.

29. Heft. Arbeiten aus den hygienisch-chemischen Untersuchungsstellen. Zusammengestellt in der Med.-Abt. des Königl. Preuss. Kriegsministeriums. I. Teil. 1905. 2 M. 40 Pf.

30. Heft. Ueber die Feststellung regelwidriger Geisteszustände bei Heerespflichtigen und Heeresangehörigen. Beratungsergebnisse aus der Sitzung des Wissenschaftl. Senats bei der Kaiser Wilhelms-Akademie für das militärärztliche Bildungswesen am 17. Februar 1905. Mit 3 Kurventafeln im Anhang. 1905. 1 M.

31. Heft. Die Genickstarre-Epidemie beim Badischen Pionier-Bataillon Nr. 14 (Kehl) im Jahre 1903/1904. Mit einem Grundriss der Kaserne und zwei Anlagen. 1905. 3 M. 60 Pf.

32. Heft. Zur Kenntnis und Diagnose der angeborenen Farbensinnstörungen. Von Stabsarzt Dr. Collin. 1906. 1 M. 20 Pf.

33. Heft. Der Bacillus pyocyaneus im Ohr. Klinisch-experimenteller Beitrag zur Frage der Pathogenität des Bacillus pyocyaneus. Von Stabsarzt Dr. Otto Voss. Mit 5 Tafeln. 1906. 8 M.

34. Heft. Die Lungentuberkulose in der Armee. Im Anschluss an Heft 14 der Veröffentlichungen bearbeitet von Stabsarzt Dr. Fischer. 1906. 2 M.

35. Heft. Beiträge zur Chirurgie und Kriegschirurgie. Festschrift zum siebzigjährigen Geburtstage Sr. Exz. v. Bergmann gewidmet. Mit dem Porträt Exz. v. Bergmann's, 8 Tafeln und zahlreichen Textfiguren. 1906. 16 M.

36. Heft. Beiträge zur Kenntnis der Verbreitung der venerischen Krankheiten in den europäischen Heeren sowie in der militärpflichtigen Jugend Deutschlands. Von Stabsarzt Dr. H. Schwiening. 1907. Mit 12 Karten und 8 Kurventafeln. 6 M.

37. Heft. Ueber die Anwendung von Heil- und Schutzseris im Heere. Beratungsergebnisse aus der Sitzung des Wissenschaftl. Senats bei der Kaiser Wilhelms-Akademie für das militärärztliche Bildungswesen am 30. November 1907. 1908. 1 M. 20 Pf.

38. Heft. Arbeiten aus den hygienisch-chemischen Untersuchungsstellen. Zusammengestellt in der Med.-Abt. des Königl. Preuss. Kriegsministeriums. II. Teil. 1908. 2 M. 80 Pf.

39. Heft. Ueber das Auftreten von Sarkomen, sowie von Haut-, Gelenk- und Knochentuberkulose an verletzten Körperstellen bei Heeresangehörigen. Von Oberstabsarzt Dr. Eichel. 1908. 80 Pf.

40. Heft. Ueber die Körperbeschaffenheit der zum einjährig-freiwilligen Dienst berechtigten Wehrpflichtigen Deutschlands. Auf Grund amtlichen Materials unter Mitwirkung von Oberstabsarzt Dr. Nicolai bearbeitet von Stabsarzt Dr. Heinrich Schwiening. 1909. 5 M.

41. Heft. Arbeiten aus den hygienisch-chemischen Untersuchungsstellen. Zusammengestellt in der Med.-Abt. des Königl. Preuss. Kriegsministeriums. III. Teil. 1909. 2 M. 40 Pf.

42. Heft. Die altrömischen Militärärzte. Von Stabsarzt Dr. Haberling. Mit 1 Titelbilde und 16 Textfiguren. 1910. 2 M. 80 Pf.

43. Heft. Die Hagenauer Ruhrepidemie des Sommers 1908. Bearbeitet in der Medizinal-Abteilung des Kgl. Preuss. Kriegsministeriums. Mit 3 Tafeln u. 8 Abb. im Text. 1910. 2 M. 80 Pf.

44. Heft. Berichte über die Wirksamkeit des Alkohols bei der Händedesinfektion. Zusammengestellt in der Medizinal-Abteilung des Königlich Preussischen Kriegsministeriums. Mit 8 Textfiguren. 1910. 2 M. 40 Pf.

45. Heft. Arbeiten aus den hygienisch-chemischen Untersuchungsstellen. Zusammengestellt in der Medizinal-Abteilung des Königlich Preussischen Kriegsministeriums. IV. Teil. 1911. 3 M.

46. Heft. Beiträge zur Lehre von der sog. „Weil'schen Krankheit". Klinische und ätiologische Studien an der Hand einer Epidemie in dem Standort Hildesheim während des Sommers 1910. Von Generalarzt Dr. Hecker und Stabsarzt Prof. Dr. Otto. Mit 10 Tafeln, 1 Skizze und 15 Kurven im Text. 1911. 8 M.

47. Heft. Das Königliche Hauptsanitätsdepot in Berlin. Mit 3 Tafeln und 24 Abbildungen im Text. 1911. 2 M.

48. Heft. Ueber ein Eiweissreagens zur Harnprüfung für das Untersuchungsbesteck der Sanitätsoffiziere. Vorträge und Berichte aus der Sitzung des Wissenschaftl. Senats bei der Kaiser Wilhelms-Akademie am 6. Mai 1909. 1911. 1 M. 60 Pf.

49. Heft. I. Die Heranziehung und Erhaltung einer wehrfähigen Jugend. Vortrag, gehalten am 9. Januar 1911 von Dr. Lothar Bassenge, Stabsarzt im Kriegsministerium. II. Krankenpflege, insbesondere weibliche Krankenpflege im Kriege. Vortrag, gehalten am 16. Januar 1911 von Dr. Georg Schmidt, Stabsarzt im Kriegsministerium. 1 M. 60 Pf.

50. Heft. Sonnenbäder. Von Oberstabsarzt Dr. W. Haberling. 1912. 1 M. 20 Pf.

MIX
Papier aus verantwortungsvollen Quellen
Paper from responsible sources
FSC® C105338

If you have any concerns about our products,
you can contact us on
ProductSafety@springernature.com

In case Publisher is established outside the EU,
the EU authorized representative is:
**Springer Nature Customer Service Center GmbH
Europaplatz 3, 69115 Heidelberg, Germany**

Printed by Libri Plureos GmbH
in Hamburg, Germany